面塑制作教程

新东方烹饪教育　组编

中国人民大学出版社
·北京·

图书在版编目（CIP）数据

面塑制作教程 / 新东方烹饪教育组编.—北京：中国人民大学出版社，2018.10
ISBN 978-7-300-26189-8

Ⅰ.①面… Ⅱ.①新… Ⅲ.① 面塑－装饰雕塑－技术培训－教材 Ⅳ.① TS972.114

中国版本图书馆CIP数据核字(2018)第202098号

面塑制作教程

新东方烹饪教育　组编

Miansu Zhizuo Jiaocheng

出版发行	中国人民大学出版社	
社　　址	北京中关村大街31号	**邮政编码** 100080
电　　话	010-62511242（总编室）	010-62511770（质管部）
	010-82501766（邮购部）	010-62514148（门市部）
	010-62515195（发行公司）	010-62515275（盗版举报）
网　　址	http://www.crup.com.cn	
	http://www.ttrnet.com（人大教研网）	
经　　销	新华书店	
印　　刷	北京瑞禾彩色印刷有限公司	
规　　格	185mm×260mm　16开本	**版　次** 2018年10月第1版
印　　张	9.5	**印　次** 2018年10月第1次印刷
字　　数	140 000	**定　价** 38.00元

中国是一个地大物博、有着悠久历史的国家，在这片古老的大地上流传着很多的民间工艺。

面塑起源于汉代，流传于民间。到了近代受文人艺术的影响，面塑的内容和形式不断出新，整体水平产生质的飞跃，表现手段和表现技巧日臻成熟完善。现代面塑艺术以它绝美的身姿倍受世人青睐，这正是因为它所注入的时代文化的积淀和创作者不断进取的热情与才思，使得它成为一种出于俗而脱于俗的朴素文化。面塑是艺术，面塑是技术，面塑是文化。正是有了匠心精神，有了不断进取的精神，才使面塑文化在今天的雅俗文化对流中以其独特、完整的形象俏立于民间艺术之林。

面塑艺术之前不太被教育界所重视，实际上面塑艺术是很有教育价值的。面塑艺术以其形象传达着一个个动人的故事。人们可以通过面塑的孙悟空、猪八戒、白娘子、穆桂英、水浒英雄、三国英雄等形象给孩子讲述相关的历史故事，从而潜移默化启迪孩子的智慧。新华教育为了传承优秀的面塑文化，并传播它深远的教育意义，特决定编纂《面塑制作教程》这本教材。本书共分三章，从面塑的基础知识、面塑工具、面团的配方及配制、面塑制作的图解与赏析几个部分进行介绍，并提供了非常详细的制作流程。本书中的面塑作品由孟军中大师亲自制作、摄影。对于面塑学习者来说，这是一本很好的、很有价值的、很实用的参考书籍。

目 录

第 壹 章

面塑基础知识

第 貳 章

面塑制作图解

第 〔叁〕 章

面塑作品欣赏

面塑基础知识

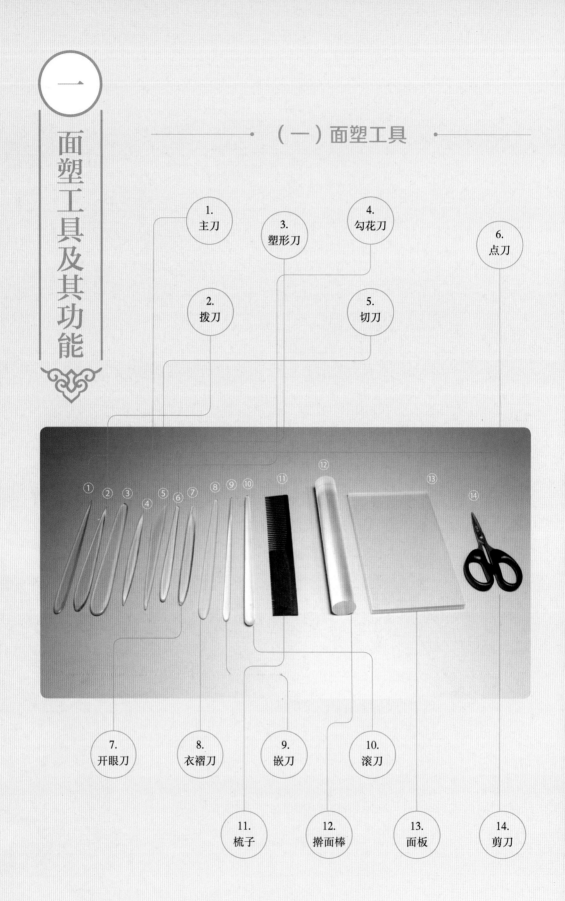

一

面塑工具及其功能

（一）面塑工具

1. 主刀
2. 拨刀
3. 塑形刀
4. 勾花刀
5. 切刀
6. 点刀

7. 开眼刀
8. 衣褶刀
9. 嵌刀
10. 滚刀
11. 梳子
12. 擀面棒
13. 面板
14. 剪刀

（二）面塑工具的功能

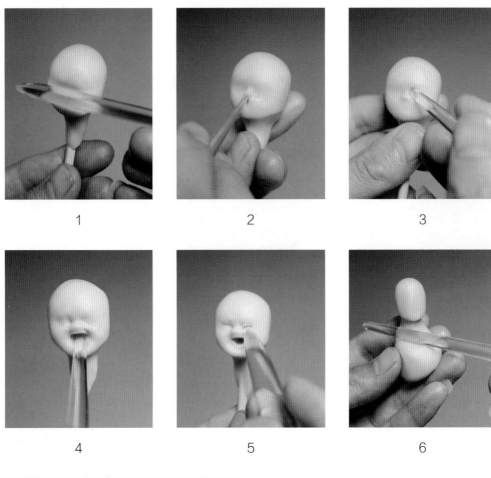

1　　　　　　　　2　　　　　　　　3

4　　　　　　　　5　　　　　　　　6

7

1. 主刀定出人物眉骨、眼睛。

2. 主刀挑出人物的鼻子。

3. 点刀压出人物眼睛结构位置。

4. 点刀压出嘴部结构。

5. 开眼刀开出眼睛结构。

6. 滚刀滚出人物脖子结构。

7. 切刀划出人物的头发。

8

9

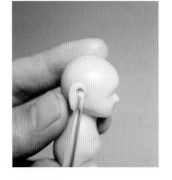

10

11

12

13

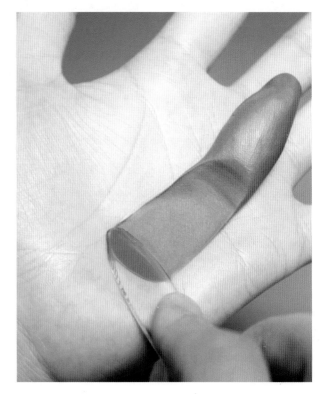

14

8. 擀面棒擀出衣服的面片。

9. 切刀划出衣服的形状。

10. 嵌刀镶上耳朵。

11. 塑形刀开出衣服的袖口。

12. 衣褶刀压出衣服关节结构。

13. 勾花刀勾出图案。

14. 拨刀刮出面片。

15   16

15. 拨刀的刀尖拉出碎花。

16. 面板搓出长条。

17. 梳子滚压出佛珠。

18. 梳子压出草帽。

19. 面板压出面片。

20. 剪刀剪出手指。

17   18

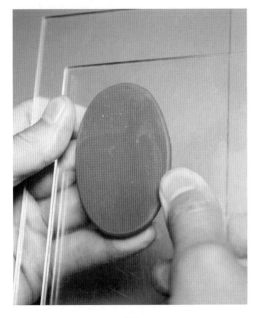
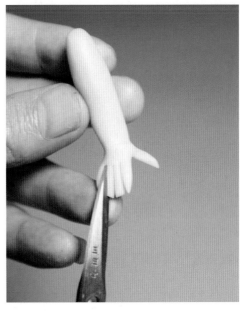

19   20

二 面团配方与配制流程

（一）面团配方

配方

高筋面粉 300g	低筋面粉 200g	糯米粉 300g	蜂蜜 30g
水 560~600g	防腐剂 60g	盐 10g	甘油 60g

（二）面团配制流程

1

2

3

4

1. 将高筋面粉、低筋面粉倒入盆中。

2. 将糯米粉、盐倒入盆中。

3. 将倒入盆中的所有原料搅拌均匀。

4. 将防腐剂倒入水中搅拌均匀。

5. 将蜂蜜倒入水中搅拌均匀。

6. 将甘油倒入水中搅拌均匀。

5

6

7

8

9

7. 将搅拌均匀的水倒入面粉中。

8. 将面粉搅拌成疙瘩状。

9. 将面粉揉成团状。

10. 将面团继续揉至蜂窝状。

11. 将揉成蜂窝状的面团取出。

12. 将面团装入塑料袋中封口，醒两个小时，然后上锅蒸制半个小时。

10

11

12

三

色彩基本理论

没有一定的色彩知识，一切色彩活动就无从下手。在千变万化的色彩世界中，人们视觉感受到的色彩非常丰富，按种类分为原色、间色和复色。就色彩的系别而言，可分为无彩色系和有彩色系两大类。

原色：也叫"三原色"，即红、黄、蓝三种基本颜色。自然界中的色彩种类繁多，变化丰富，其中红、黄、蓝是最基本的颜色，是其他任何颜色调配不出来的。但原色相互混合，可以调和出其他各种颜色。

间色：也叫"二次色"，是由三原色调配出来的颜色。红与黄调配出橙色，黄与蓝调配出绿色，红与蓝调配出紫色，因此橙、绿、紫三种颜色被称为"三间色"。在调配时，各种原色的分量有所不同，就能产生丰富的间色变化。

复色：也叫"三次色"，是用原色与间色相调或用间色与间色相调而成的复合色。复色是最丰富的色彩家族，千变万化，丰富异常。复色包括原色和间色以外的所有颜色。

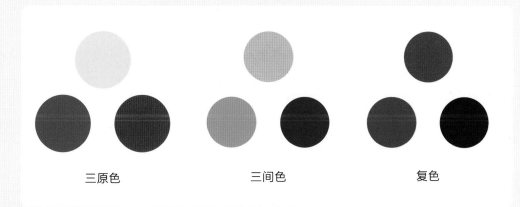

三原色　　　　　三间色　　　　　复色

色相：即每种色彩的相貌、名称，如朱红、橘红、翠绿、湖蓝、群青等。色相是区分色彩的主要依据，是色彩的最大特征。色彩的称谓，即色彩与颜料的命名有多种类型与方法。

色相

纯度：又称饱和度、鲜艳度、彩度、含灰度等，指色彩的纯净程度。色相中无其他色素的色彩纯度，就是该色相的饱和度。光谱反映出的极其艳丽的色相，称为强纯度色相。如红、橙、黄、绿、青、蓝、紫均接近于光谱色相。红色相中，朱红、正红接近于光谱色相，为强纯度色相；而淡红、洋红、大红均为减弱了的色相，则称为弱纯度色相。

纯度

明度：表示色彩的明暗深浅程度。明度接近于白为明色，明度接近于黑为暗色。

在光谱的色带中，红、橙、黄、黄绿比较明亮；深绿、青、蓝、紫、紫红比较深暗。在有彩色系统中，黄最明，紫最暗；在无彩色系统中，白最明，黑最暗。同一类色相，越浅则越明，越深则越暗。

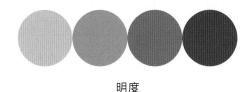

明度

冷暖：即色性。色彩的冷暖是心理因素对色彩产生的感觉。人们见到暖色（如红、橙、黄）类的色彩，会产生欢乐、温暖、开朗、活跃等情感反应；见到冷色（如蓝、青等）类的色彩，会联想到海洋、月亮、冰雪、青山、绿水、蓝天等，会产生宁静、清凉、深远、悲痛等情感反应。

饱和度：即色彩的纯度强弱，是指色相感觉明确或含糊、鲜艳或浑浊的程度。

色彩对比：即两种纯色或未经混合的颜色对比。两种纯色等量并列，色彩相对显得更为强烈。

当两种不同的色相并列在一起时，给人的色彩感觉和两色分开放置时不一样。两色并列时，双方会增加对方色彩的补色成分。

色彩对比

明度对比：指的是黑、白、灰的层次，即素描关系上明暗度的对比。它包括同一种色彩不同明度的对比和各种不同色彩的不同明度对比。如亮色与暗色、深色与浅色并置，亮的更亮，暗的更暗，深的更深，浅的更浅，这就是明度对比的作用（柠檬黄明度高，蓝紫色明度低，橙色和绿色属中明度，红色和蓝色属中低明度）。

明度对比

纯度对比：即灰与鲜艳的对比。将纯度较低的颜色与纯度较高的颜色配置在一起，则灰的更灰，鲜艳的更鲜艳。在以灰色调为主的画面中，局部运用鲜艳色，鲜艳色就会很醒目，灰色调更显得明确。在以鲜艳色为主的画面中，兼用少量的灰性色，鲜艳色会更鲜艳，效果更明亮。

纯度对比

冷暖对比：指对于色彩感觉的冷暖差别而形成的对比。通过对比，冷的更显冷，暖的更显暖（红、橙、黄使人感觉温暖，蓝、蓝绿、蓝紫使人感觉寒冷，绿与紫介于其间）。另外，色彩的冷暖还受明度与纯度的影响，白天反射率高而感觉偏冷，黑色吸收率高而感觉偏暖。

补色对比：是一种最强烈的冷暖对比，其色彩效果是非常鲜明的。补色并列时，就可使其相对色产生最强的效果。如红色与绿色相对，红的更红，绿的更绿；黄色与紫色相对，就会让紫色、黄色更显鲜明。

冷暖对比

补色对比

人体结构知识

人体比例是指人体或人体各部分之间度量的比较，它是人们认识人体在三度空间中存在形式的起点。

由于人的种族、民族、性别、年龄及个性的差异，在世界上没有两个完全一样比例的人。人们笼统称谓的"人体比例"的概念，通常是指生长发育匀称的男性中青年的人体平均数据的比例。

根据最近我国有关部门对男性中青年人体进行测量的数据，他们的平均身高为170.09厘米，头高为22.92厘米。若把头高作为一个度量单位来衡量全身的话，身高与头高的比例是7.42:1，也就是说，人体是七个半头高。

不同种族和民族的人身高与头高的比例不一样，有8:1的，也有7:1的。女性和男性的身高与头高虽然量度不一样，但是女性的身高与头高比例也大致上为7.5:1。不同年龄的人体有不同的身高和头高的比例：通常一两岁时为4:1，五六岁时为5:1，十岁时为6:1，十六岁时为7:1。在二十五岁左右就基本定型了，为7.5:1。到老年时，由于各关节软骨间的萎缩、躯干的伛曲，人会显得矮一些。

把人体各肢体理解成一段空间的线段，并以头高的长度为度量单位来度量各肢体，取其度量的约数，这样可以得出一个简单的人体比例：

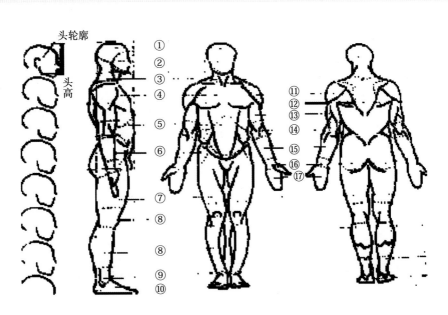

人体的外形以及以头高为度量单位的人体比例

头高 =1

肩宽 =2（两侧肩部肩胛骨上的肩峰之间的宽度）

躯干 =3（从脊椎的头部骶下点水平处到坐骨末端的水平面）

上臂 =1.5（从肩峰到肱骨内上髁和外上髁连线的中点）

前臂 =1（从尺骨鹰嘴突到尺骨小头和桡骨茎突的连线中点）

髋宽 =1.5（两侧股骨大转子之间的宽度）

手 =0.8（从腕骨的上缘到中指的末端）

大腿 =2（从股骨的大转子到股骨的最下端）

小腿 =1.5（从胫骨的最上端到胫骨内踝的水平面处）

脚 =1（从脚跟的最后端到第二脚趾的最前端）

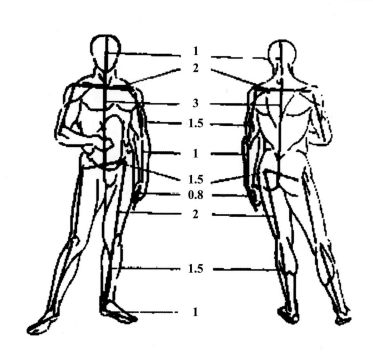

以头高为度量单位的简单的人体比例

第 **貳** 章

面塑制作图解

①

玫瑰花

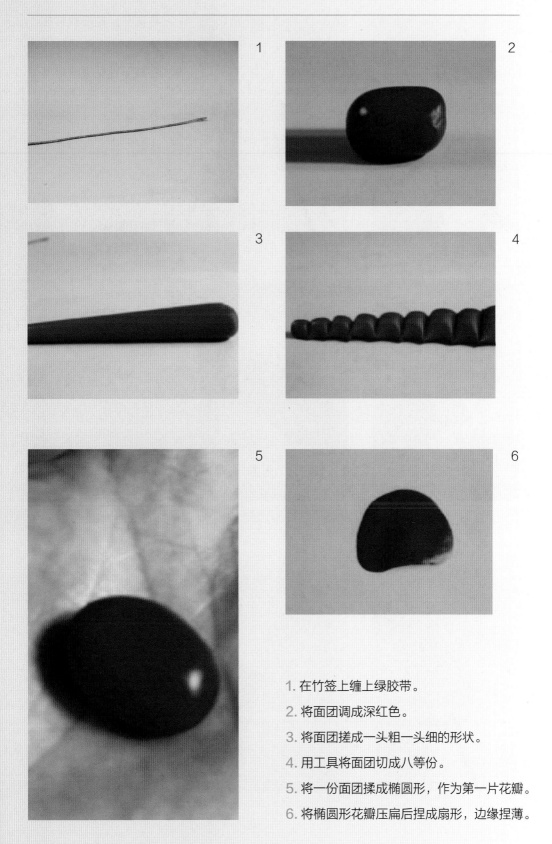

1. 在竹签上缠上绿胶带。

2. 将面团调成深红色。

3. 将面团搓成一头粗一头细的形状。

4. 用工具将面团切成八等份。

5. 将一份面团揉成椭圆形，作为第一片花瓣。

6. 将椭圆形花瓣压扁后捏成扇形，边缘捏薄。

7

8

9

10

11

12

7. 将第一片花瓣安装在竹签上。

8. 将第一片花瓣塑出锥形结构。

9. 按前面的方法捏好第二片花瓣，并顺时针装在竹签上。

10. 同样顺着一个方向装上第三片花瓣。

11. 装上第四片花瓣，注意每片花瓣比前一片高出一些。

12. 装上第五片花瓣。

13

14

15

16

17

13. 将第六片花瓣塑出凹槽形状并安装在竹签上。

14. 用同样的方法装上第七片花瓣。

15. 装上第八片花瓣，调整花朵形状结构。

16. 调出绿色面团、赭石色面团。

17. 将两种颜色的面团叠放在一起。

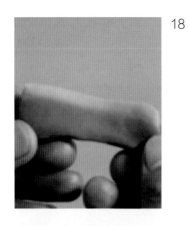

18

18. 重复对折抻拉，形成渐变色。

19. 将抻好过渡色的面团切出五等份。

20. 依次搓成水滴形状。

21. 用另一块面板将面团均匀压扁。

22. 用工具划出、压出花叶的经脉。

23. 捏出花叶的结构。

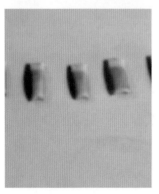

19

22

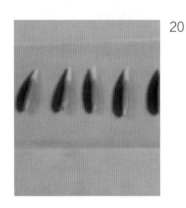

20

21

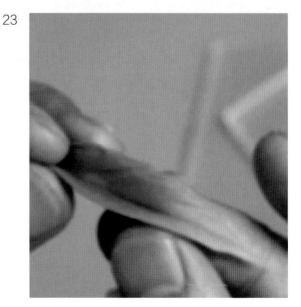

23

24

24. 将花叶装在花朵上。

荷花

1

2

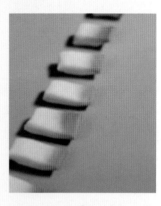

3

4

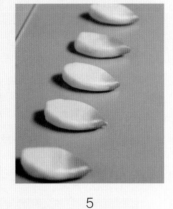

5

6

7

1. 将粉红色面团和白色面团叠放在一起。

2. 重复对折抻拉，形成渐变色。

3. 将抻好颜色的面切成十等份。

4. 将所有的花瓣捏成水滴形状。

5. 把所有花瓣放在面板上。

6. 用另一块面板将花瓣均匀压扁。

7. 在压好的花瓣上划出花瓣的纹理。

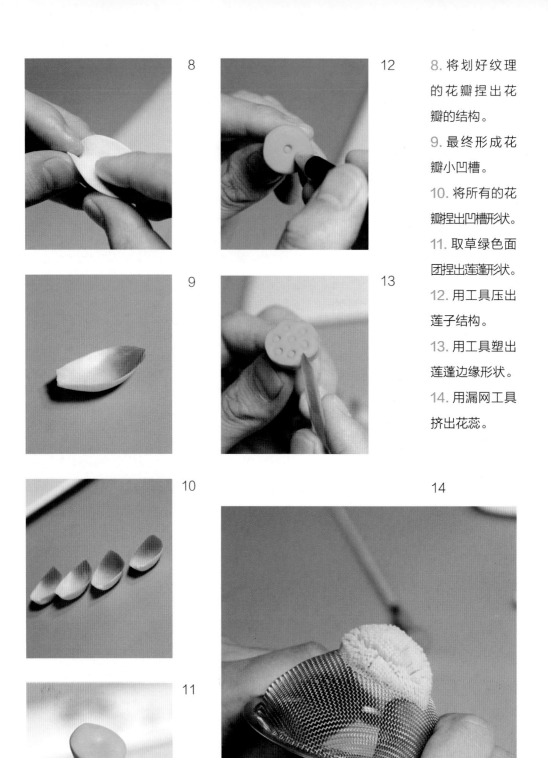

8

12

9

13

10

11

14

8. 将划好纹理的花瓣捏出花瓣的结构。

9. 最终形成花瓣小凹槽。

10. 将所有的花瓣捏出凹槽形状。

11. 取草绿色面团捏出莲蓬形状。

12. 用工具压出莲子结构。

13. 用工具塑出莲蓬边缘形状。

14. 用漏网工具挤出花蕊。

15 16 17

18 19 20

15. 将花蕊装在莲蓬上。

16. 将塑好的第一片花瓣装在已塑好的莲蓬上。

17. 依次有规律地装上第二片花瓣、第三片花瓣。

18. 装上第四片花瓣。

19. 装上荷花第二层次的花瓣，依次装上第五、第六、第七片花瓣。

20. 装上第八、第九、第十片花瓣。

21. 整理，注意荷花花瓣的层次和形状。

21

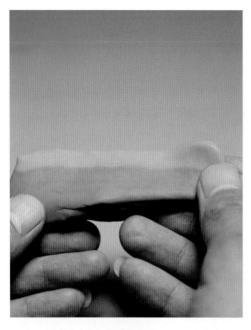
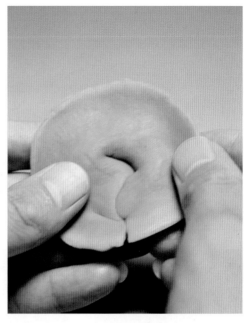

22

23

24

25

26

22. 取绿色面团和黄色面团，叠在一起，抻
出荷叶过渡色。

23. 将抻好颜色的面团折成圆形的荷叶。

24. 用工具压出荷叶边缘结构。

25. 用工具划出荷叶纹理结构。

26. 用工具戳出小破洞。

27

27. 用工具塑出荷叶凹槽结构。

28. 将塑好的荷叶放在盘子一角。

29. 将荷花放在荷叶上面。

30. 做出荷杆和花苞，装在荷叶边。

31. 做出小鹅卵石，点缀在荷叶两边。

28

31

29

30

温馨提示

❶ 注意荷花花瓣的外形特征和安放位置；

❷ 注意荷叶的结构形态的表现；

❸ 整体布局和构图摆放要合理。

③

牡丹花

1

2

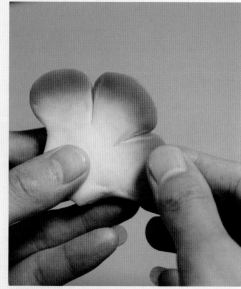

5

6

3

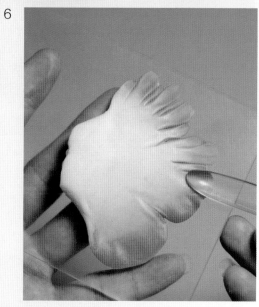

4

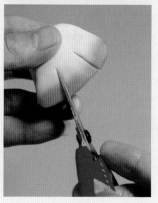

1. 调出白色面团和粉红色面团。

2. 将面团叠在一起。

3. 重复对折抻拉，形成花瓣的过渡色。

4. 捏出花瓣的扇形形状，用剪刀剪出结构。

5. 将花瓣边缘捏薄。

6. 用工具压出花瓣边缘的结构。

7

8

9

10

11

12

13

7. 用工具划出、压出花瓣表面的纹理。

8. 褶出花瓣波折的结构。

9. 将第一片花瓣放在盘子一角。

10. 同样塑出第二片花瓣。

11. 将第二片花瓣装上。

12. 装上第三片花瓣，形成第一层结构。

13. 将第四片花瓣装在第一层花瓣之间。

14

15

16

17

18

19

14. 将第五片花瓣装在第一层两个花瓣之间。

15. 同样方法，安装上第六片花瓣，注意第二层花瓣的角度。

16. 塑出第七片花瓣，装在第三层。

17. 塑出第八片花瓣并安装上。

18. 塑出最后一片花瓣，注意每层花瓣的形状。

19. 用小漏网工具挤出花蕊。

20

21

22

23

24

20. 将花蕊装入花心中。

21. 抻出叶子的过渡色，剪出叶子形状。

22. 将叶子边缘捏薄，划出叶子的纹理结构。

23. 在叶子根部抹上少量水。

24. 将叶子装在花的左侧边缘。

25

25. 同样在右侧装上叶子。

 温 馨 提 示

❶ 注意花瓣的安装次序（由外到里）；

❷ 把握花瓣层次和角度的变化；

❸ 注意叶子形态特征的展现。

《鱼》

④

1

2

3

4

6

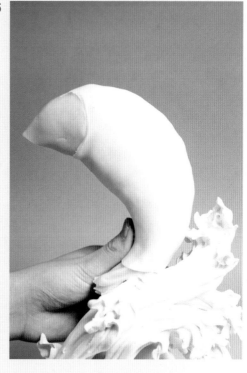

5

1. 用铁丝扎出鱼和浪花的骨架。

2. 用报纸缠出鱼和浪花的结构及形状。

3. 用淡蓝色面团塑出浪花形状。

4. 用工具压出浪花的结构。

5. 注意浪花的层次。

6. 用面塑出鱼的身体结构，注意鱼的动态结构。

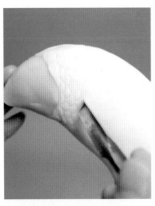

7

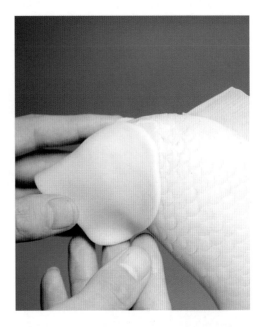

11

8

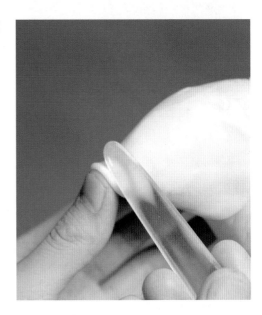

12

9

10

7. 用工具有规律地戳出鱼的鳞片。

8. 做出鱼的尾部结构，要塑出动感。

9. 做出鱼的背鳍，划出结构。

10. 将背鳍装到鱼身背部。

11. 塑出鱼的头部结构。

12. 用工具塑出鱼的上嘴唇结构。

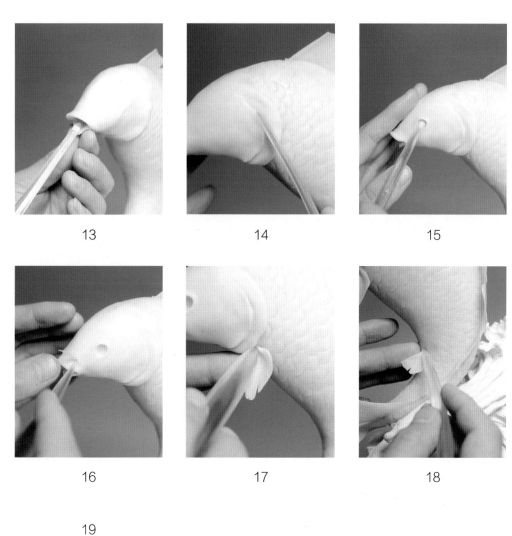

13   14   15

16   17   18

19

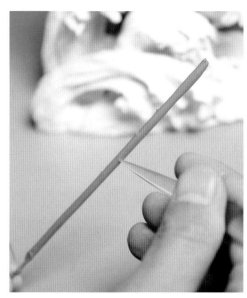

13. 用工具开出下嘴唇结构，做出鱼张嘴的动态表情。

14. 用工具在侧面压出鱼的腮部结构。

15. 用工具开出眼部结构。

16. 装上鱼的胡须。

17. 装上胸鳍。

18. 装上臀鳍。

19. 做出荷花、荷叶杆动态结构。

20

21

20. 用工具滚出荷叶边缘结构。

21. 用工具压出荷叶凹槽结构。

22. 将荷叶杆和荷叶粘在一起。

23. 将荷花杆和荷花粘在一起。

24. 对鱼的身体进行喷色，注意色彩变化。

22

23

24

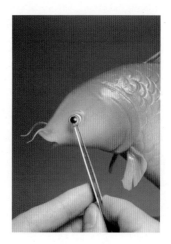

25   26   27

25. 荷叶上色。

26. 荷花上色。

27. 装上仿真眼。

❶ 注意把握鱼的
身体动态姿势；

❷ 注意水浪层次的
变化；

❸ 在喷色的时候，
把握好鱼身体颜色
的深浅变化。

5

锦鸡

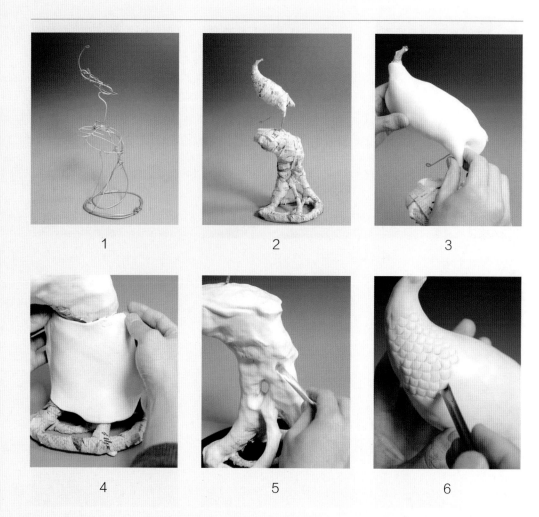

1
2
3

4
5
6

7

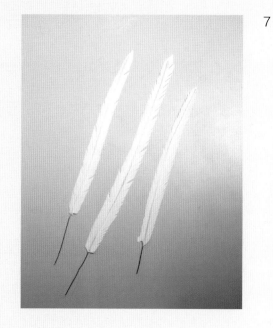

1. 用铁丝扎出锦鸡和树干的骨架。

2. 用报纸缠出锦鸡和树干的结构及形状。

3. 用面团塑出锦鸡的身体结构。

4. 用面片塑出包裹树干。

5. 塑出树干形状，压出局部细节。

6. 用工具有规律地戳出锦鸡的羽毛结构。

7. 做出锦鸡的尾羽结构。

8

9

10

11

12

13

14

8. 将尾羽装上。

9. 用剪刀剪出尾上腹羽。

10. 装上第一层腹羽。

11. 装上第二层腹羽。

12. 做出飞羽结构，并装上。

13. 做出翅膀腹羽。

14. 塑出颈部结构。

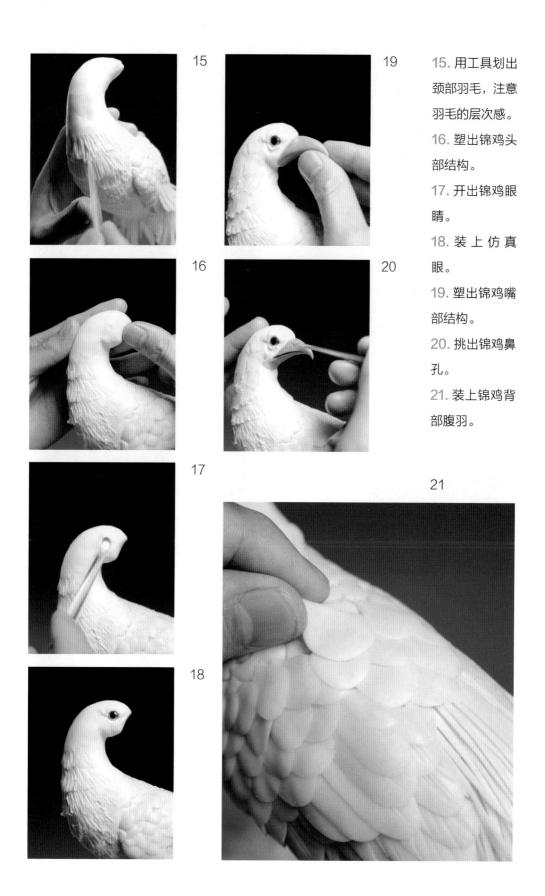

15

19

16

20

17

18

21

15. 用工具划出颈部羽毛，注意羽毛的层次感。

16. 塑出锦鸡头部结构。

17. 开出锦鸡眼睛。

18. 装上仿真眼。

19. 塑出锦鸡嘴部结构。

20. 挑出锦鸡鼻孔。

21. 装上锦鸡背部腹羽。

22

23

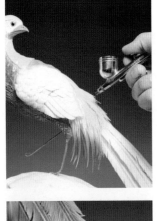

24

25

26

27

22. 做出颈部羽毛。

23. 装上锦鸡的翎毛。

24. 对锦鸡羽毛进行喷色。

25. 用勾线笔勾画出尾羽结构。

26. 用勾线笔勾出翅膀羽毛结构。

27. 塑出锦鸡腿部形状，用工具压出结构。

28   29   30

温馨提示

❶ 注意锦鸡身体的动态表现，身体不要做得太大；

❷ 把握好锦鸡身体羽毛颜色的变化，在喷色和勾彩的时候注意把羽毛丰富的颜色表现出来；

❸ 注意花卉的构图、色彩和质感（花瓣要做得尽量轻薄）。

28. 做出花卉、树干、树枝。

29. 将捏好的花卉安装到树枝上。

30. 做出花卉的叶子，并安装上。

6

《公鸡》

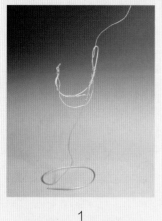

1

2

3

4

5

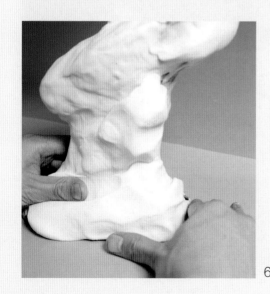

6

1. 用铁丝扎出公鸡和石头的骨架。

2. 用报纸缠出公鸡和石头的形状结构。

3. 用面敷出公鸡身体形状。

4. 将公鸡身体表面抹平，注意身体的动态。

5. 用工具戳出羽毛的鳞片。

6. 塑出石头的形状。

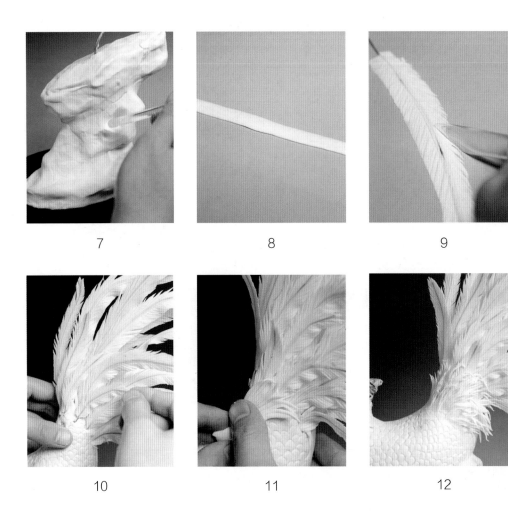

7　　　　　　　　8　　　　　　　　9

10　　　　　　　　11　　　　　　　　12

13

7. 压出石头的结构。

8. 搓出长条状，装上铁丝，
压扁。

9. 划出羽毛的结构， 注意
中间厚边缘薄。

10. 将尾巴安装上，注意尾
巴的层次和动态。

11. 做出公鸡尾部复羽。

12. 尾巴局部图。

13. 做出公鸡颈部的羽毛。

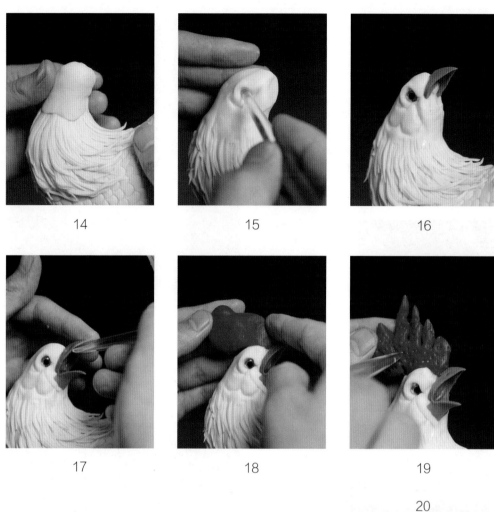

14

15

16

17

18

19

20

14. 塑出头部的形状。

15. 开出公鸡眼部的结构。

16. 先安上眼睛，再将上嘴安上，做出上嘴唇部分。

17. 压出公鸡嘴部结构，注意张嘴的动态。

18. 塑出公鸡鸡冠并装上。

19. 用工具压出鸡冠结构和纹理。

20. 做出公鸡下嘴肉锤，压出结构。

21

22

23

24

25

21. 做出公鸡翅膀的飞羽。

22. 做出公鸡翅膀复羽部分
的羽毛。

23. 塑出腿部的形状，压出
结构。

24. 公鸡局部图。

25. 给公鸡尾巴喷色。

26. 对公鸡的身体进行喷色，注意身体的色彩变化。

27. 做出鸡冠花。

28. 制作完成。

温馨提示

❶ 把握公鸡威风凛凛的身体形态；

❷ 注意鸡冠和尾巴等细节的处理；

❸ 公鸡的羽毛色彩变化较多，在喷色时注意色彩的过渡和变化。

27

28

《龙》

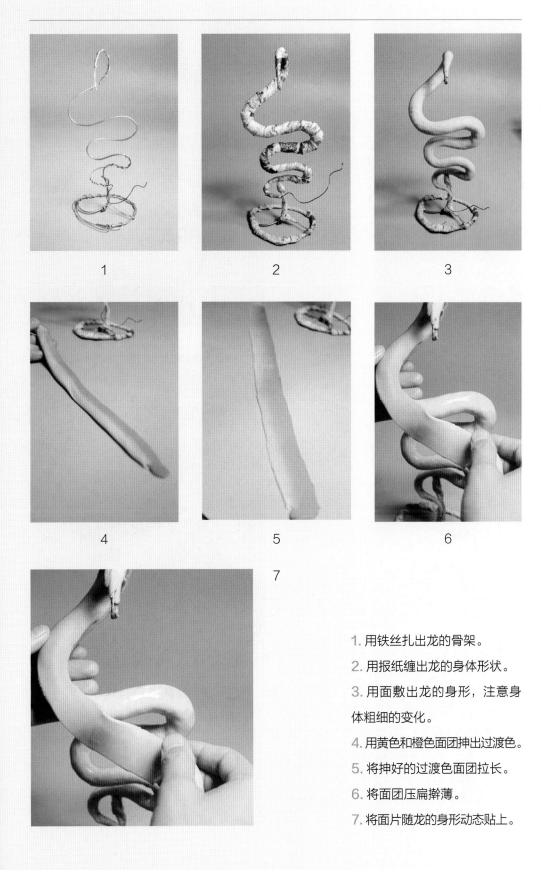

1   2   3

4   5   6

7

1. 用铁丝扎出龙的骨架。

2. 用报纸缠出龙的身体形状。

3. 用面敷出龙的身形，注意身体粗细的变化。

4. 用黄色和橙色面团抻出过渡色。

5. 将抻好的过渡色面团拉长。

6. 将面团压扁擀薄。

7. 将面片随龙的身形动态贴上。

8

12

9

10

11

13

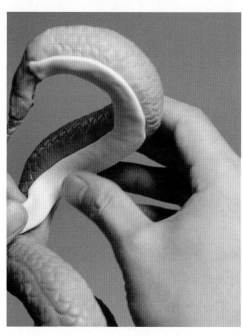

8. 用工具将面片敷平压紧。

9. 用同样的方法，将另一侧也贴上面片。

10. 用手把龙的身体抹平修光。

11. 用工具戳出龙身鳞片。

12. 龙的身体局部图。

13. 用白色面贴出龙的腹部。

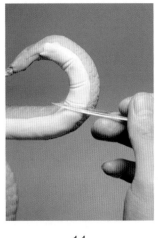

14

15

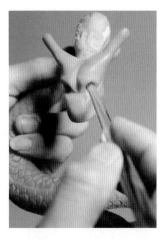

16

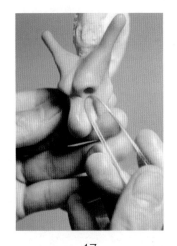

17

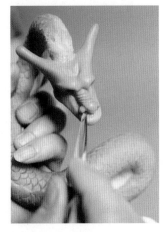

18

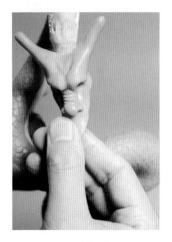

19

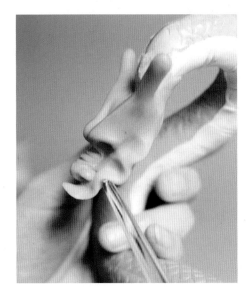

20

14. 用工具压出龙身腹部结构。

15. 塑出龙的头部形状。

16. 用工具开出眼睛结构。

17. 用工具挤出龙的鼻子形状。

18. 用工具开出龙的鼻孔。

19. 用手捏出嘴部的形状。

20. 用工具推出龙的嘴部结构。

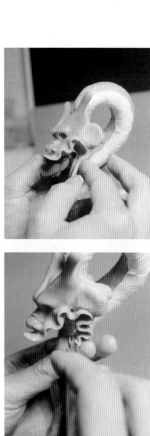

21

22

23

24

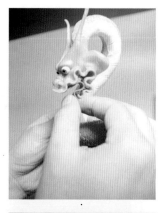

25

26

27

21. 安上龙的下嘴部分。

22. 推出下嘴部结构，注意张嘴的动态。

23. 在眼部装上白眼球。

24. 装上龙的仿真眼。

25. 塑出龙嘴的内部结构。

26. 用铜丝做出龙的毛发骨架。

27. 装上龙的毛发，注意动态表现。

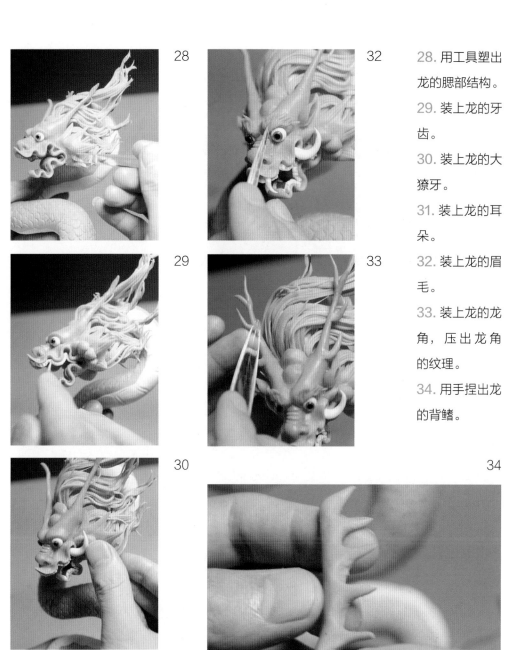

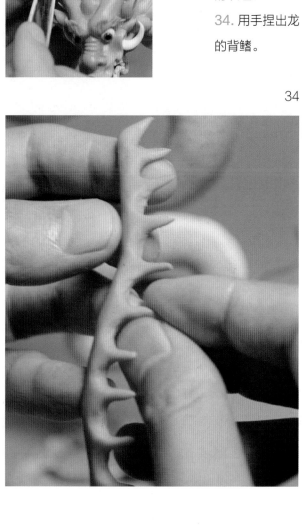

28. 用工具塑出龙的腮部结构。

29. 装上龙的牙齿。

30. 装上龙的大獠牙。

31. 装上龙的耳朵。

32. 装上龙的眉毛。

33. 装上龙的龙角，压出龙角的纹理。

34. 用手捏出龙的背鳍。

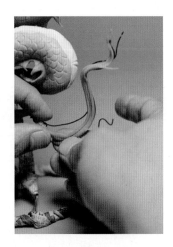

35

36

35. 将背鳍装在龙的背部。

36. 用铜丝做出尾部骨架。

37. 装上龙的尾巴，注意层次和动态。

38. 塑出龙腿形状，捏出龙爪结构。

39. 将龙爪安装到龙身上，做出指甲。

37

38

39

40

41

42

43

44

40. 压出龙腿骨骼结构。

41. 用工具戳出龙的腿部鳞片。

42. 龙身局部图。

43. 在底部做出水的浪花。

44. 注意浪花层次的变化。

45

46

47

48

49

45. 做出水浪的水滴进行点缀。

46. 做出云彩。

47. 将云彩装到龙的身体上。

48. 做出龙吐水柱的骨架。

49. 塑出水柱的水浪，注意结构。

50

51

52

50. 塑出龙珠，安在水柱一端。

51. 将做好的火焰装到龙的身体上。

52. 装上龙的龙须。

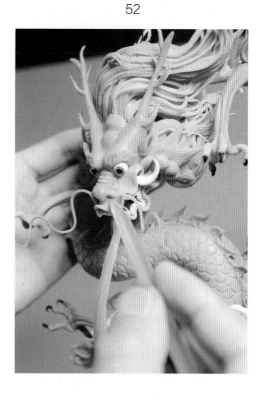

温馨提示

❶ 把握龙的身体走向（向上卷曲后
向下做弧形弯曲）和动态（四爪——
不同的形态伸向四个方向）；

❷ 注意表现龙头的表情动态；

❸ 注意浪花的层次和质感。

8

《馬》

1

2

1. 用铁丝扎出马的骨架。
2. 用报纸缠出马的身体形状。
3. 塑出马的头部形状。
4. 压出马的脸部骨骼和肌肉结构。
5. 开出马的眼睛结构。
6. 挑出马的鼻子结构。

3

4

5

6

7

8

9

10

11

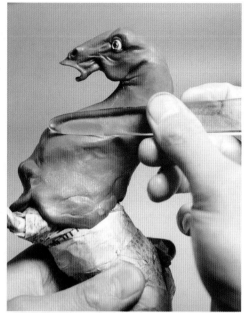

12

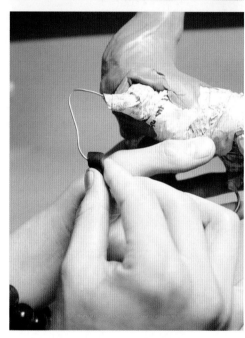

7. 开出马的嘴部结构，注意张嘴的动态。

8. 给马装上白色眼球体。

9. 装上仿真眼，压出下眼睑结构。

10. 塑出马的颈部形状。

11. 用工具压出颈部肌肉结构。

12. 用黑色面做出马蹄装上。

13 14 15

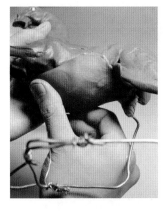
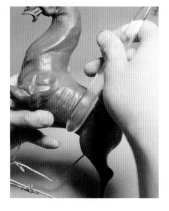

16 17 18

19

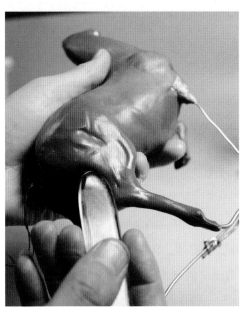

13. 塑出马的腿部形状，压出腿部肌肉结构。

14. 压出马的前腿骨骼结构。

15. 塑出马的臀部肌肉。

16. 塑出马的腹部肌肉，并压平修光。

17. 用工具压出马的肋骨结构。

18. 塑出马的后腿形状，压出肌肉和骨骼。

19. 用工具压出马的臀部肌肉。

20

24

21

22

25

23

20. 装上马的牙齿和舌头。

21. 捏出马的耳朵安装上。

22. 用铜丝做出马的尾部骨架。

23. 做出一块石头，将马放置在石头上。

24. 做出马的尾部毛发，注意层次和动态。

25. 做出马蹄并将马蹄装上。

26

27

28

29

26. 做出马的颈部毛发，注意毛发的层次和动态。

27. 做出小鹅卵石点缀。

28. 做出小草。

29. 将小草装到石头上点缀。

❶ 尽量表现出马的俊朗外形和英姿飒爽的动作形态；

❷ 注意骨胳和肌肉结构的展现。

9

小女孩

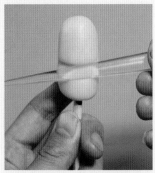

1

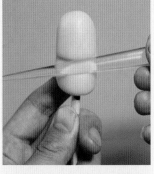

2

3

4

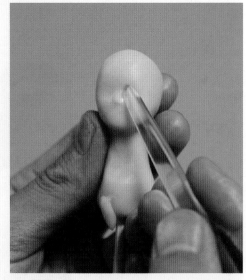

5

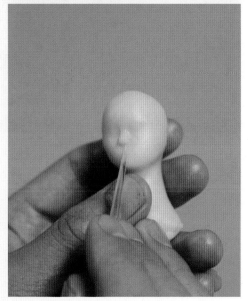

6

1. 捏出一个圆柱体，用工具定出脸型。

2. 用工具滚出脖子的形状结构。

3. 在脸部定出眉骨、眼睛的位置。

4. 挑出鼻子，填补鼻子并修平。

5. 压出眼窝和眼睛的形状。

6. 塑出鼻形结构，挑出鼻孔。

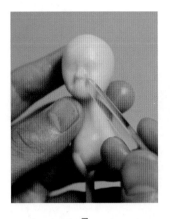

7

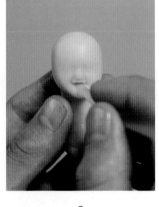

8

9

10

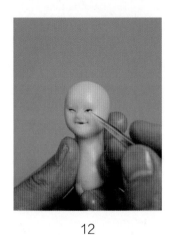

11

12

13

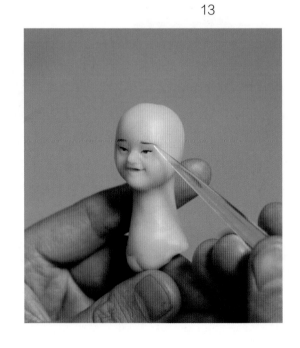

7. 压出人物脸部鼻翼、两侧脸颊肌肉结构。

8. 压出嘴的形状，开出上嘴唇，将嘴型挑开。

9. 开出上眼线，推出上眼皮，压出眼窝。

10. 将白色眼球装入眼窝。

11. 搓出两条眼线，将眼线镶嵌到上眼皮下端。

12. 镶上黑眼珠，推出下眼睑。

13. 装上人物的眉毛，注意眉毛要细。

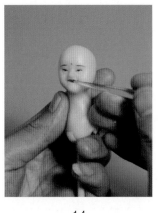

14

15

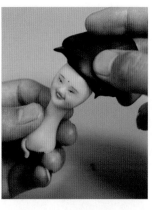

16

17

18

19

20

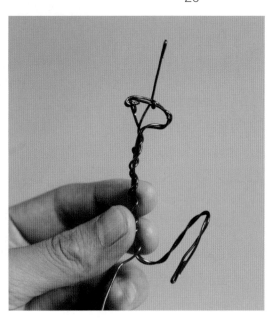

14. 镶上人物的红色嘴唇，注意嘴型结构。

15. 给人物脸颊两侧掸上腮红，使人物更生动。

16. 捏出头发的形状，并将头发装上。

17. 压出头发的结构，注意头发的层次质感。

18. 镶上人物的耳朵，压出结构。

19. 给人物的头发装上刘海。

20. 用铜丝扎出人物的骨架。

21

22

23

24

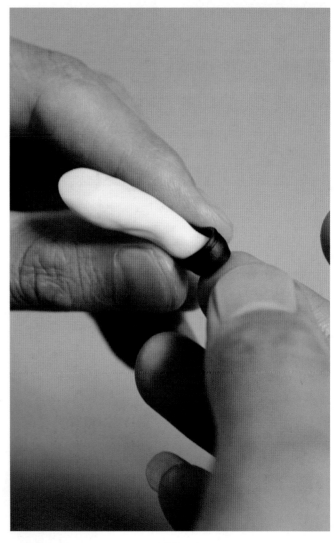

21. 将塑好的头部安装在骨架上，压出颈部结构。

22. 用黑色、熟褐、赭石面团揉出石头的纹理，做出石头。

23. 将人物身体坐立在石头上，调整动态。

24. 塑出人物腿部形状。

25. 捏出人物脚部和鞋子形状，并装上。

25

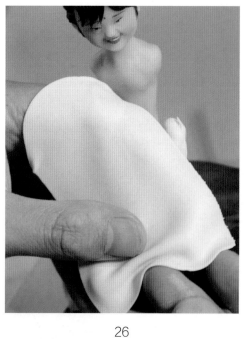

26

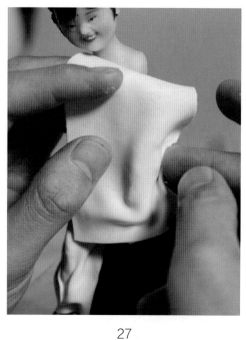

27

28

26. 擀出裤子的衣片，折出裤子的褶皱形状。

27. 压出人物裤角的结构。

28. 塑出裤子衣褶的结构。

29. 压出人物腿部的结构和衣纹。

30. 擀出人物上身衣服衣片的形状。

29

30

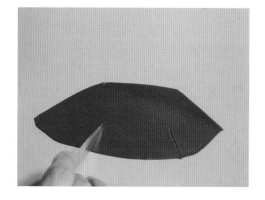

31

34

32

33

35

31. 将上身衣片贴上，并压出衣褶的结构。

32. 褶出人物背部一股下摆的结构。

33. 压出人物背部衣褶的结构。

34. 装上人物衣服的领子，安上腰带，压出
结构。

35. 剪出人物的手指，压出手部的结构。

36

39

37

38

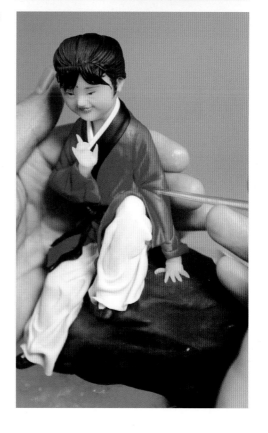

40

36. 用工具开出人物衣服的袖口。

37. 将人物的手安装到袖口内。

38. 用工具压出人物肘关节衣褶结构。

39. 将人物手臂装上，并压出衣褶
结构。

40. 将人物另一个手臂装上，并压出
衣褶。

41

42

43

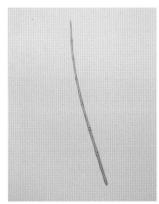

44

45

41. 给人物装上小辫子。

42. 给人物装上蝴蝶结头绳。

43. 给人物装上头发。

44. 做出竹竿。

45. 将竹竿安装到人物的身体上，并做出竹叶。

46

46. 做出几支竹子并装上。

温馨提示

❶ 把握小女孩身体比例和动作形态；

❷ 注意人物表情和姿态的表现；

❸ 尽量表现出小女孩天真烂漫的神态。

1

2

3

4

5

6

1. 用铁丝、报纸缠出石头的骨架和形状。

2. 用面团敷出石头的形状结构和纹理。

3. 捏出一个圆柱体，定出脸型。

4. 在脸部定出眉骨、眼睛的位置。

5. 开出人物的眼睛、鼻子、脸颊结构。

6. 压出人物脸颊两侧的皱纹。

7

8

9

10

11

12

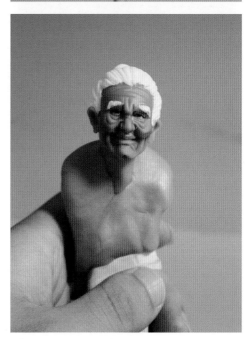

7. 压出人物的眉骨、眉心结构。

8. 开出人物的眼睛，挑出鼻孔结构。

9. 推出人物的上嘴唇和下嘴唇结构。

10. 给人物装上白眼珠、镶上眼线和黑眼球。

11. 给人物装上眉毛、头发、耳朵。

12. 给人物脸颊掸上腮红，使人物更生动。

13

14

15

16

17

13. 做出人物脖子和胸部
骨骼、肌肉结构。

14. 塑出人物一条腿的形
状和动态。

15. 做出鞋。

16. 做出裤子，压出衣褶
结构。

17. 做出人物的另一条腿。

18

19

18. 做出人物上身衣服，压出衣褶。

19. 做出人物上衣领口和衣服的前下摆。

20. 折出人物上衣后下摆。

21. 压出人物上衣后下摆的衣褶结构。

22. 做出人物手部结构，剪出手指并压出结构。

20

21

22

23. 将人物的左臂装上，压出关节衣褶。

24. 将人物的右臂装上，压出衣褶。

温馨提示

❶ 把握老人的身体比例和坐姿；

❷ 通过老人的骨关节等表现出老人的
消瘦形态；

❸ 注意老人的面部表情，尽量表现出
老人的慈祥神态。

23

24

寿星

1

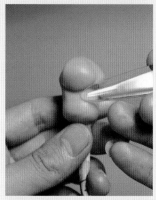

2

3

4

5

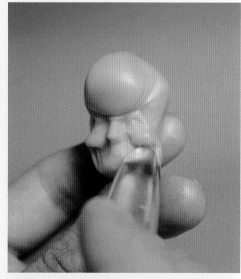

6

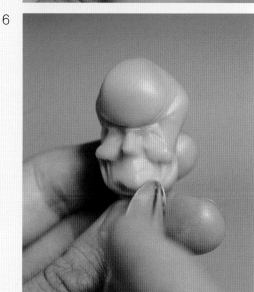

1. 捏出一个圆柱体，定出寿星脸型。

2. 用工具压出寿星额头结构。

3. 定出寿星的眉骨，挑出鼻子并填补修平。

4. 压出寿星的眼部、眉骨、太阳穴结构。

5. 推出寿星脸颊肌肉和皱纹。

6. 压出寿星下巴结构。

7

11

8

9

12

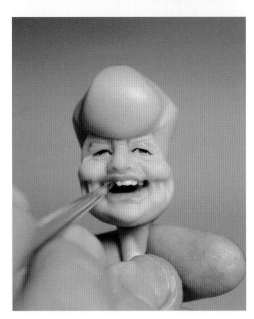

10

7. 挑出寿星的鼻孔结构。

8. 推出寿星上嘴唇，将嘴挑开，推出下嘴唇。

9. 开出寿星的眼睛结构。

10. 将白眼珠装入眼窝，镶上眼线。

11. 镶上寿星的黑眼球，推出下眼睑。

12. 镶上寿星的嘴唇和牙齿，注意嘴唇的结构。

13

14

15

16

13. 给寿星脸颊两侧掸上腮红，使人物更生动。

14. 做出寿星身体骨架形状，将头部装上。

15. 做出寿星的鞋子部分。

16. 装上鞋子，做出前裙摆，压出裙边的衣褶。

17. 褶出寿星后面衣服的裙摆。

18. 折出寿星第二层的裙摆，压出衣褶结构。

17

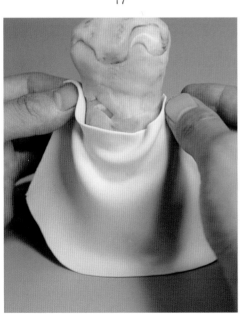

18

19   20   21

22   23   24

25

19. 做出寿星上身衣服的结
构，装上领口。

20. 装上寿星的腰带和飘
带，注意飘带的动态。

21. 装上寿星的耳朵，压出
结构。

22. 用工具开出寿星衣服袖
子的衣口。

23. 将寿星的袖子装上。

24. 压出寿星手臂衣褶结构。

25. 装上寿星衣服袖口，压
出衣褶。

26

27

28

29

30

31

32

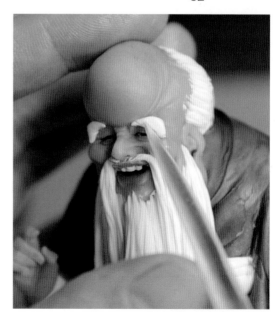

26. 用工具塑出寿星肩部衣褶。

27. 做出寿星的手部结构，注意手指关节。

28. 将做好的一只手嵌入袖口中，压紧固定。

29. 将寿星的另一只手装上，做出袖口的衣褶。

30. 给寿星装上胡子，注意胡须的层次质感。

31. 装上寿星的头发，压出结构。

32. 装上寿星的眉毛。

33

37

34

38

35

36

33. 局部图。

34. 塑出寿桃形状，压出结构。

35. 用铜丝和报纸做出拐杖的骨架。

36. 塑出拐杖的形状和纹理，压出结构。

37. 将拐杖嵌入寿星右手中。

38. 装上寿桃，做出几片叶子。

39

40

39. 将做好的葫芦安到拐杖上。

40. 画出寿星衣服衣边的图案。

❶ 注意寿星的身高比例（头：身体 =1：5），要将寿星高高突出的额头和弯腰驼背的形态表现出来；

❷ 尽量把寿星面带微笑、慈眉善目的神态表现出来；

❸ 把握整个作品的色彩，尤其是衣服的色彩要显得古朴。

12

弥勒佛

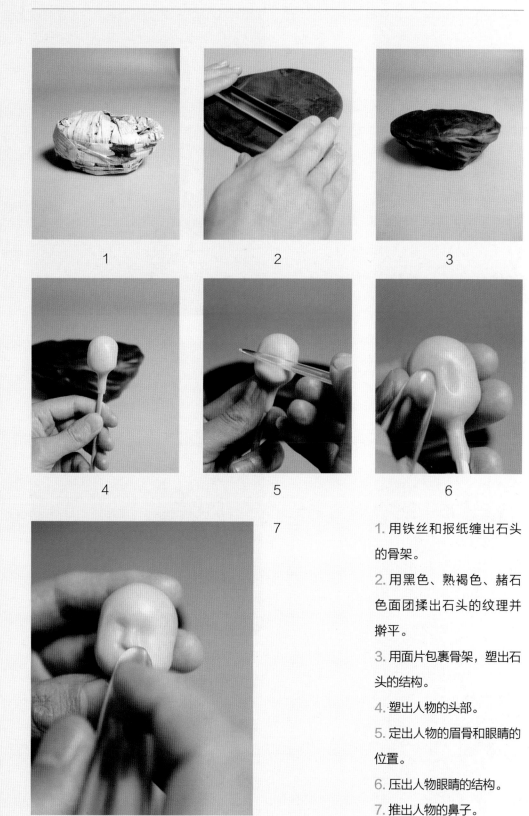

1   2   3

4   5   6

7

1. 用铁丝和报纸缠出石头的骨架。

2. 用黑色、熟褐色、赭石色面团揉出石头的纹理并擀平。

3. 用面片包裹骨架，塑出石头的结构。

4. 塑出人物的头部。

5. 定出人物的眉骨和眼睛的位置。

6. 压出人物眼睛的结构。

7. 推出人物的鼻子。

8

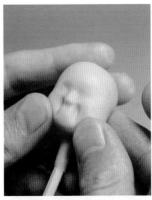

9

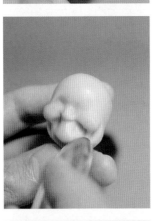

10

11

12

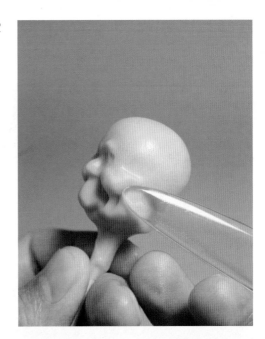

13

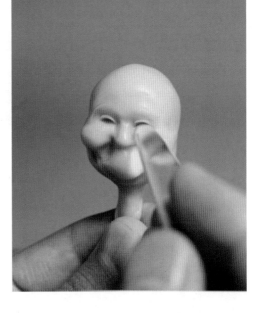

8. 用手推出人物脸颊肌肉结构。

9. 推出人物脸颊两侧的皱纹。

10. 压出人物双下巴结构。

11. 压出人物眉骨和太阳穴结构。

12. 压出人物颧骨结构。

13. 开出上眼线，推出上眼皮，压出眼窝。

14

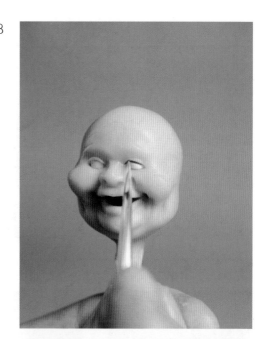

18

15

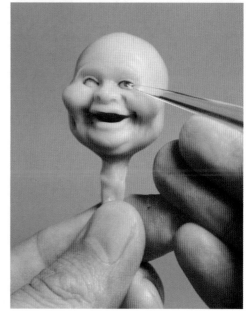

19

16

17

14. 塑出人物鼻形，挑出鼻孔。

15. 推出人物上嘴唇结构。

16. 将人物下嘴唇挑开，表现出张嘴微笑。

17. 将白眼珠装入眼窝。

18. 给人物镶上眼线。

19. 给人物装上黑眼珠。

20

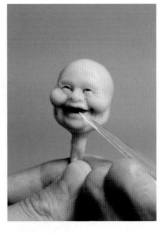

21

22

23

24

25

26

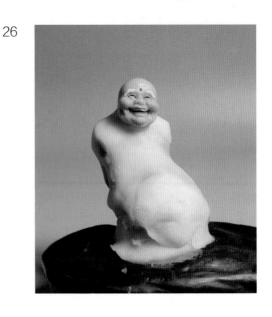

20. 推出人物的下眼睑结构。

21. 镶上人物的嘴唇，注意嘴部的结构。

22. 装上人物的牙齿。

23. 装上人物的眉毛。

24. 给人物额头装上红点。

25. 用铁丝和报纸缠出人物身体骨架。

26. 塑出人物上身结构。

27

28

29

30

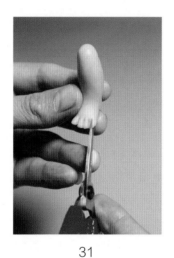

31

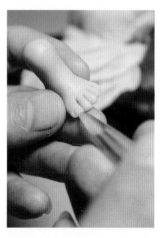

32

33

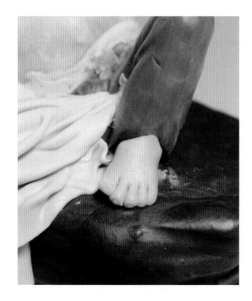

27. 塑出人物双腿形状，注意双腿的姿势。

28. 擀出衣服面片，注意衣服的形状。

29. 折出衣褶，压出结构。

30. 折出人物腿部的衣褶。

31. 捏出人物的脚，剪出脚趾。

32. 压出脚趾甲的结构。

33. 将做好的脚装上。

34. 折出人物裤边衣褶
结构。

35. 将折好衣褶的衣服
面片贴上。

36. 用工具压出人物腿
部衣褶的结构，注意身
体和衣服的关系。

37. 塑出人物的肚皮部分。

38. 用工具戳出人物的
肚脐。

34   35

36

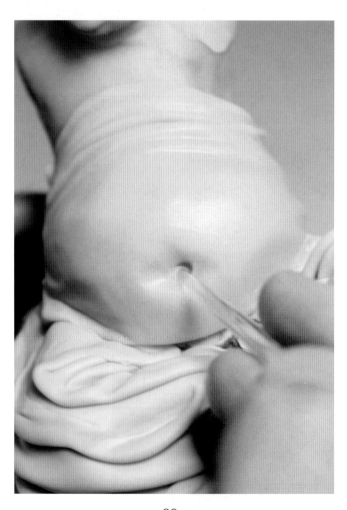

37   38

39

40

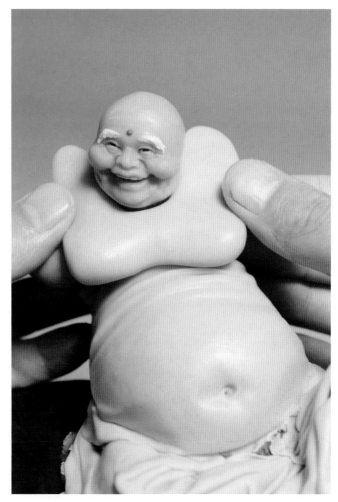

41

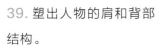

42

43

39. 塑出人物的肩和背部
结构。

40. 捏出人物的胸脯结构。

41. 将捏好的胸脯装到上
身位置。

42. 压出人物的颈部结构，
塑出胸部的肌肉感。

43. 给人物装上耳朵，压
出耳朵的结构。

44 45 46

47 48

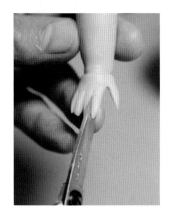

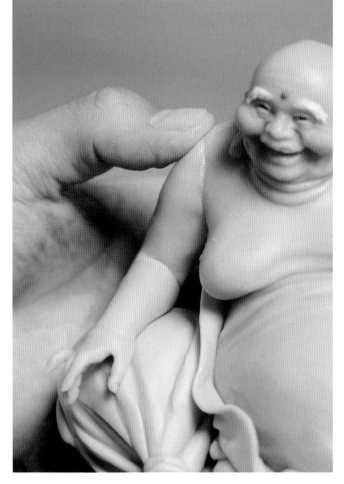

44. 做出人物上身衣服的
衣边。

45. 塑出布袋。

46. 压出布袋结构，折出
袋口。

47. 塑出人物手的形状，
剪出手指。

48. 将人物的右手臂装上。

49. 将人物的左手臂装
上，压出手臂结构。

50. 折出人物肩部的衣
褶，从腋下位置装入。

51. 注意人物背部衣褶。

52. 折出人物长袖衣
褶，注意衣服走向。

49

50

51

52

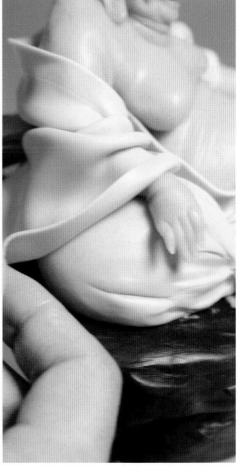

53

54

55

56

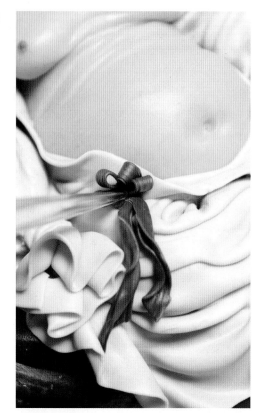

57

53. 折出人物左手臂袖子衣褶，压出衣褶。

54. 做出人物后背的衣褶。

55. 点出人物的乳头结构。

56. 做出人物腰部的飘带。

57. 给人物装上佛珠。

温 馨 提 示

❶ 把握人物身体比例和坐姿，突出表现弥勒佛的大肚子；

❷ 注意把人物慈祥和开怀大笑的表情形态展现出来；

❸ 注意衣褶的处理，要突出衣服的宽松。

《仕女》

1

2

3

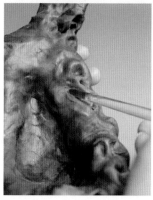

4

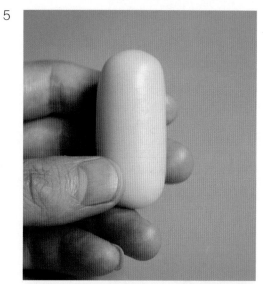

5

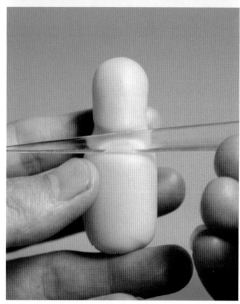

6

1. 用铁丝和报纸缠出树根骨架。

2. 塑出根部的形状，注意纹理。

3. 压出树根根部结构。

4. 做出树根的细节。

5. 捏出一个圆柱体。

6. 定出仕女的脸型。

7

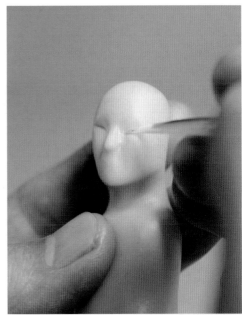

11

8

9

12

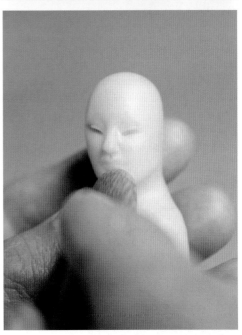

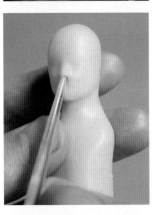

10

7. 滚出仕女脖子和肩部的结构。

8. 定出仕女眉骨、眼睛的位置。

9. 挑出仕女的鼻子。

10. 压出仕女的眼部结构。

11. 开出上眼线，推出上眼皮，压出眼窝。

12. 压出嘴的形状，开出上嘴唇，将嘴型挑开。

13

14

15

16

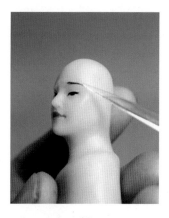

17

18

19

13. 将白色眼球装入眼窝。

14. 搓出两条眼线，将眼线镶嵌到上眼皮下端。

15. 镶上仕女的黑眼珠，推出下眼睑。

16. 装上仕女的眉毛，注意眉毛要细。

17. 镶上仕女的红色嘴唇，注意嘴型结构。

18. 给仕女脸颊两侧掸上腮红，使人物更生动。

19. 捏出仕女头发的形状，并将头发装上。

20   21   22

23   24   25

26

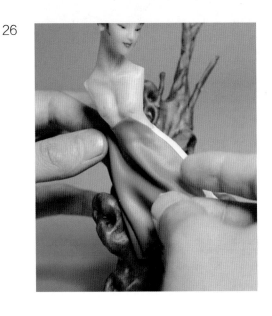

20. 压出头发的结构，注意头发的层次质感。

21. 镶上仕女的耳朵，压出结构。

22. 给仕女的头发装上刘海。

23. 将塑好的仕女身体倚立在树根上。

24. 折出仕女裙子的衣褶，注意褶皱要自然。

25. 压出仕女裙子的衣褶和身体的结构。

26. 折出仕女第二层裙子的衣褶。

27

28

29

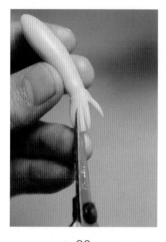

30

31

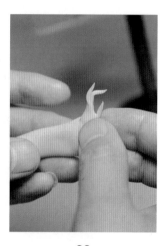

32

33

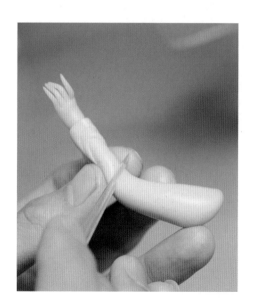

27. 压出仕女的衣褶结构，呈现出自然摆动。

28. 将仕女上身的衣服装上，折出自然衣褶。

29. 做出仕女的腰带和飘带，做出随风摆动感。

30. 捏出仕女手部结构，剪出手指。

31. 开出仕女上身衣服的袖口。

32. 将做好的手嵌入袖口中。

33. 压出手臂关节和衣褶结构。

 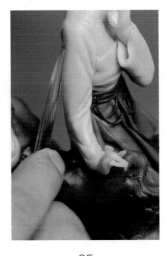 

34   35   36

37   38

34. 将仕女的左手臂装上，压出衣褶结构。

35. 将仕女的右手臂装上，压出衣褶结构。

36. 做出仕女的披肩，压出衣褶。

37. 装上仕女的头发，注意头发的造型。

38. 装上仕女后面的辫子，做出随风飘逸感。

39　　　　　　　　40　　　　　　　　41

42　　　　　　　　　　　　　　43

39. 做出寿桃，掸上胭脂粉。

40. 做出苹果部分。

41. 局部图。

42. 给树干装上红叶。

43. 装上后面枝干的红叶。

44   45   46

47

44. 用淡蓝色面团捏
出水浪。

45. 将水浪装上，注
意层次变化。

46. 做出仕女手中的
撑杆。

47. 给仕女头发装上
头花。

48

48. 做出仕女肩
部的飘带。

❶ 把握仕女的身体比例和动作，仕女的身体要做的苗条修长些，
并向右侧倾斜，双手撑着竹竿，抓住人体中心支撑点；

❷ 仕女肤色嫩白，头发要饱满厚重；

❸ 注意衣服衣褶要做的轻飘自然，整个作品的色彩要自然亮丽。

关公

14

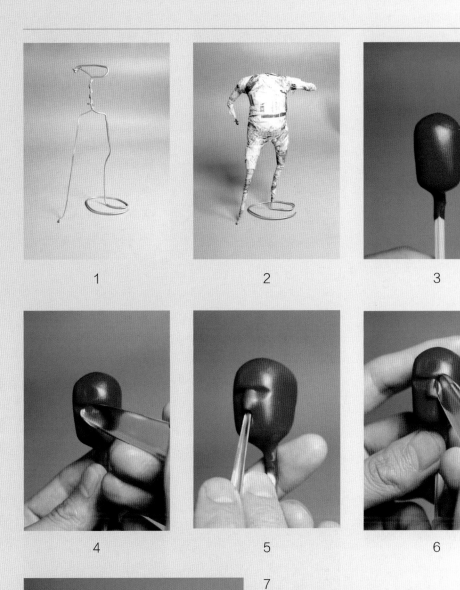

1 2 3

4 5 6

7

1. 用铁丝缠出人物的骨架，注意两条腿的姿势。

2. 用报纸缠出身体的形状结构。

3. 捏出人物的头部。

4. 定出人物眉骨、眼睛的位置。

5. 挑出人物的鼻子。

6. 压出人物的眼部结构。

7. 推出人物脸颊两侧结构。

8

9

8. 推出人物嘴部结构，注意表情的体现。

9. 压出人物眉骨的结构，推出眉心。

10. 装白眼珠，镶眼线，装黑眼球。

11. 推出人物脸部下眼睑结构。

12. 镶上人物的嘴唇。

12

10

11

13

14

15

16

17

13. 装上人物的眉毛，注意表情的体现。

14. 做出人物的头巾，压出头巾的结构。

15. 将人物的头部安装到骨架上，压出颈部结构。

16. 将人物的右手装上，做出握刀的姿势。

17. 将人物的左手装上，做出捋胡须的姿势。

18

22

19

20

23
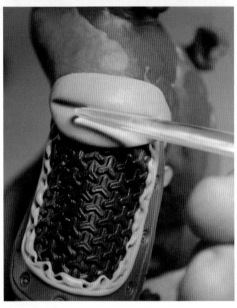

21

18. 做出人物护臂结构。

19. 护臂细镶边、挑花。

20. 做出人物上臂的衣服，折出衣褶。

21. 压出人物衣服的结构。

22. 做出人物肩部盔甲部分。

23. 做出盔甲上的肩吞。

24

28

25

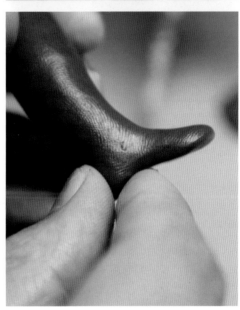

29

26

27

24. 用模具压出人物胸部的盔甲，贴到胸部位置。

25. 用工具挑出胸部盔甲的细节。

26. 给人物背部贴上盔甲。

27. 装上人物的肩带。

28. 做出人物胸前护心镜。

29. 捏出人物的脚。

30

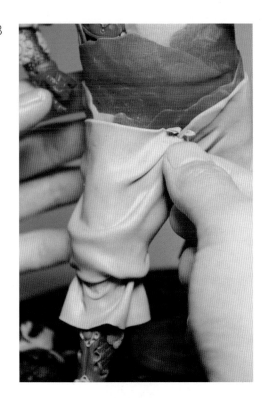
33

31

32

34

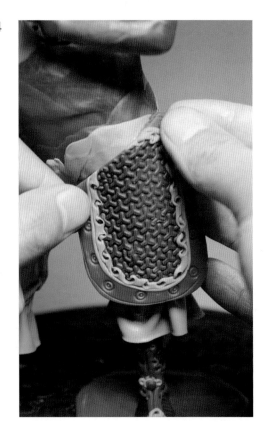

30. 将捏好的脚装到骨架上。

31. 在人物的小腿部贴上盔甲片。

32. 给人物脚部贴上战靴护面。

33. 给人物的腿部盔甲镶边 、挑花。

34. 折出人物腿部裤边。

35

36

37

38

39

35. 折出人物大腿部的衣褶，
压出腿部衣褶结构。

36. 做出人物腿部裙甲，
贴上。

37. 给裙甲刷上银色。

38. 折出战袍前下摆衣褶，
注意战袍的动态变化。

39. 做出人物后面战袍的
下摆。

40. 做出人物上身的袍子，装上腰带。

41. 折出人物战袍宽袖的衣褶。

42. 给人物装上胡须，注意胡须的层次质感。

43. 折出人物帽子的搭巾，压出结构。

44. 给人物帽子的前沿装上红缨。

40

41

42

43

44

46

45

47

45. 局部图。

46. 做出偃月刀刀面，塑出刀部结构。

47. 在偃月刀的刀口刷上银色。

温 馨 提 示

❶ 把握关公身体比例和动作（高大魁梧，左手捋着胡须，右手拿着偃月刀）；

❷ 注意人物表情，表现出关公的人物特点（面如重枣，唇若抹朱，丹凤眼，卧蚕眉，威风凛凛，豪气冲天，一身正气）。

普贤菩萨

1

2

3

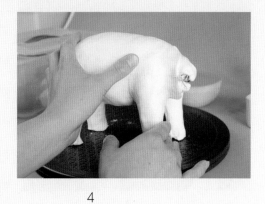

4

5

6

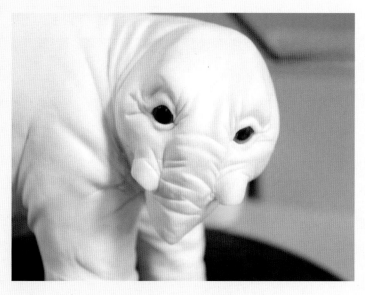

1. 用铁丝扎出大象的骨架。

2. 用报纸缠出大象的身体形状。

3. 用泡沫裁出莲花底座，注意与大象的比例。

4. 塑出大象的身体形状。

5. 塑出大象的头部，压出身体的结构。

6. 给大象装上眼睛。

7

8

9

10

11

7. 给大象装上鼻子，压出鼻子的褶皱。

8. 给大象装上耳朵。

9. 给大象装上象牙，做出大象身体上的配饰。

10. 用面包裹莲花底座，塑出莲花底座的形状。

11. 做出莲花底座的花瓣。

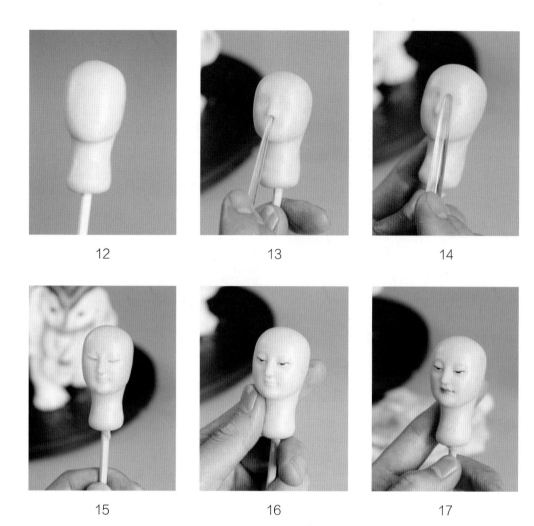

12

13

14

15

16

17

18

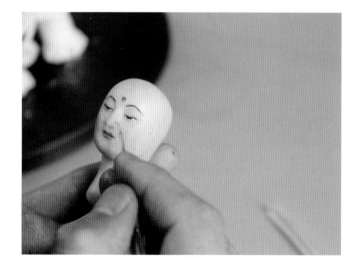

12. 定出菩萨的脸型。

13. 挑出菩萨的鼻子。

14. 定出菩萨眼睛的位置，压出眼部结构。

15. 开出菩萨的眼睛和嘴巴。

16. 镶上菩萨的眼睛。

17. 镶上菩萨的嘴唇部分。

18. 掸上腮红。

20

19

21

22

23

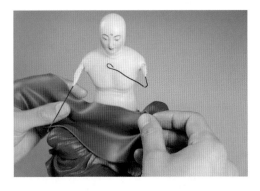

19. 将菩萨的头部安到身体的骨架上。

20. 做出菩萨的腿部，注意姿态端正。

21. 装上菩萨的脚，折出腿部的衣褶。

22. 局部图。

23. 折出腰部的裙摆。

24   25   26

27

24. 做出腰部的飘带。

25. 塑出菩萨的手和双臂，注意手臂的姿势。

26. 塑出菩萨的头发，注意发型结构。

27. 做出菩萨的披肩部分，注意衣褶的变化。做出菩萨的项环和手镯。

28

29

28. 细节图。

29. 做出菩萨头部的宝冠。

温馨提示

❶ 把菩萨端庄的坐姿和慈祥的面部
表现出来；

❷ 衣服衣褶要做得飘逸自然；

❸ 大象的身体结构比例要协调。

第 叁 章

面塑作品欣赏

九莲观音

简介：人们所喜爱的"九莲观音"形象并非出于原始佛经，而是出于观音信仰下的佛教文学，但同样为中国佛教艺术增添了光彩，并将美好庄严的观音形象传播于世。

敬奉

简介：敬奉，又名九龙观音，有"九龙通圣"的美好传说和寓意。观音大士身侧九龙环绕，面容柔美秀润、超凡脱俗，衬托出观音的空灵和悠闲自在的心态。

简介：自在观音原名"水月观音"，她一改佛教造像直立或打坐的成规，右腿曲蹲，左脚轻踏荷叶，左手为支撑点，无拘无束，自由自在。其姿态出色地表现了观音流畅的线条和优美的身段。

自在观音

简介：三面佛庄严地端坐在莲花宝座上，微微含笑，慈悲地
观望着前来顶礼膜拜的善男信女。眼前的这一面代表现在，
她面容娟秀，和蔼可亲，提醒你珍惜和把握现在；左边一面
代表过去，她眉目安祥，告诉你不要后悔已经发生的事情；
右边的一面仪态活泼，代表未来，告诉你要充满信心。

简介：药师佛即药师琉璃光如来，简称药师如来、琉璃光佛等，为东方净琉璃世界之教主。药师，比喻能治众生贪、瞋、痴的医师；以琉璃为名，乃取琉璃之光明透彻以喻国土清静无染。此作品为药师佛坐像，左手托琉璃宝塔，面容庄严慈祥。

简介：地藏菩萨，因其"安忍不动，犹如大地，静虑深密，犹如秘藏"，所以得名。这位菩萨同时以"大孝"和"大愿"的德业被佛教广为弘传，被普遍尊称为"大愿地藏王菩萨"，并且成为汉传佛教的四大菩萨之一。此作品为地藏菩萨坐像，双目微合，右手持锡杖，左手持珠，半跏趺坐于岩石座上。

地藏菩萨

简介：道教中把能在空中飞行的天神称为飞仙。在佛教中，飞天是天帝司乐之神，又称香神、乐神、香音神。随着佛教在中国的深入发展，佛教的飞天、道教的飞仙在艺术形象上互相融合。从艺术形象上说，它不是一种文化的艺术形象，而是多种文化的复合体。

老子出关

简介：老子是中国古代哲学家、思想家和道家学派的创始人，曾做过周王室管理藏书的史官，后来隐居不仕，骑青牛西出函谷关后"莫知其所终"。历代画家以此为题材，有多幅名画传世。

麒麟送子

简介：麒麟是传说中的神兽，和龙、凤、龟并称为"四灵"，象征吉祥和瑞。麒麟送子，是中国的祈子风俗，流行于全国各地。中国民间认为，积德人家，求拜麒麟可生育得子。此作品中，童子手持莲花、如意，骑在麒麟上。

孔雀

简介：在我国傣族人民的心目中，孔雀是最善良、最聪明、最爱自由与和平的鸟，是吉祥幸福的象征。在希腊神话中，孔雀象征赫拉女神。对于佛教徒来说孔雀是神圣的，它是神话中"凤凰"的化身，象征着阴阳结合以及和谐的女性容貌。